槎溪藝菊志

三

藝菊志五卷

嘉定陸廷燦扶照氏輯

詩二

七言古

採菊篇　梁簡文帝

日精麗草散秋株洛陽少婦絕妍姝相呼提筐采菊珠朝起露濕沾羅襦東方千騎從驪駒更不下山逢故夫

嘆庭前甘菊花　杜甫

簷前甘菊移時晚青蘂重陽不堪摘明日蕭條盡醉醒殘花爛漫開何益籬邊野外多衆芳采擷細瑣升中堂念茲空長大枝葉結根失所纏風霜

十月二十日買菊一株置於郡齋松竹之間目爲歲寒三友　王十朋

三百青錢一株菊移植窗前伴松竹鮮鮮正色傲霜性不逐重陽上醽醁誰云既晚何用好端似高人事幽獨南來何以慰凄凉有此歲寒三友足

希真堂手種菊花十月始開　歐陽修

當春種花惟恐遲我獨種菊君勿誚春枝滿園爛張錦風雨須臾樂顛倒看多易厭情不耑鬪紫誇紅隨

俗好豁然高秋天地肅百物衰零誰暇弔君看金莖正芬敷曉日浮霜相照耀煌煌正色秀可餐藹藹淸香寒愈峭高人避喧守幽獨淑女靜容修窈窕方當搖落看轉佳慰我寂寥何以報時攜一樽相就飲如得貧交論久要我從多難壯心衰跡與世人殊靜躁種花勿種兒女花老大安能逐年少

菊花　曾鞏

菊花秋開只一種意遠不隨桃與梅遊人有幾愛孤獨零落野水空嵓隈層層露蕚間枝葉金靨萬個圓蒼苔直從陶令酷愛尚始有我見心眼開爲憐淸香與正色欲寒更惜常徘徊當攜玉椀就花醉一飲不辭三百盃

其二

東籬菊花今已開萬物各自相驅催却尋桃杏那復有舊樹參差空牆隈年光日日已非昔人世可能無盛衰朱顏白髮相去幾勢利聲名相抑排三公未能逃餓死九鼎竟亦爲塵埃乃知萬事皆自在有便只宜持酒盃

九月五日對菊小飲　李綱

淵明愛此九日名對酒無錢可留客杜陵爛醉作生

栗里菊　王質

花藥之列無先我菊宜露宜風大率宜肅其次蘭桂饒山林氣菊不敢先迭爲仲季在我甯兮不欲枯山容貴癯神貴孤塵外有塵中無

甘菊　王質

我取友兮得甘菊叢高葉低貯清馥石盂幡纚乳花飛錯落紛敷間寒綠入顧渚入蒙山所思兮烏可捐椿兒桂子爭芳鮮

菊花歌　鄭思肖

太極之髓日之精生出天地秋風生萬木搖落百艸死正色與秋爭光明背時獨立抱寂寞心香貞烈透寥廓至死不變英氣多舉頭南山高嵯峩

菊　謝枋得

淵明豈但隱逸人淵明素懷諸葛志清香不獨占秋天菊潭一滴三千歲

酬宋湜賈黄二學士　田錫

靖節先生曾賞菊東籬有霜花正開翰林主人人賞菊北門吟咏有餘才一唱再和才力健兼金酬以瑛瓊瑰善歌使人繼其志遠寄淮陽知郡吏淮陽郡中方燕居跪讀重緘尺素書中有五章章八句復有二

章同一處五章千葉菊花詞一章副翰學士詩一章
酬和季左司人前再讀與三復人從日邊初到時歛
手先問諸學士駭目乍驚文字奇兩制别來今已久
朝寄宛丘權太守眼底惟嫌簿領繁耳冷不聞騷雅
言重陽錫宴不得與湛露空思奉至尊忽捧新詩若
爲意聞詩勝得千金賜受知益感恩顧深吟賞請言
淸麗致淸如玉樹生天風麗若露花開錦宫水精盤
中置明月絳大珊瑚枝葉紅珍則難酬青玉案文律
詞鋒併化工因事喻懷堪自惜神化丹青與刀尺丹
青暈淡刀尺裁先春雪中生早梅春饒桃李及時發

牡丹占斷芳菲來芍藥羞人嬌且妒玫瑰倚欄笑欲
語帝里春從何處歸巫山雨散朝雲飛遺紅墮翠歸
天下不失年年三月期天生百卉各有時彼何太甚
此何遲蒹葭蒼蒼凝白露西風蕭蕭向秋暮月華籬
落有霜華暎籬叢薄生黃花花寒葉冷無蜂蝶囿無
寶馬與香車每因九月當重九暫時采擷浮樽酒金
鈿浮動萬歲盃爲君慶祝南山壽菊不能言爲作歌
金壺酒傾生綠波重臺千葉若堪賞栽培好近金鑾
坡

淵明采菊圖　胡乘龍

葛巾翩翩玩秋風義熙有此歸來翁南山荒徑亦何
有黃花迎笑籬之東平生聞道不儘窮冷淡亦與黃
花同風霜歲晏吾與汝肯逐桃李爭春紅寒香盈把
欲誰贈繞籬三嗅心沖沖停雲遶在天一方八表慘
淡將焉從渡江仍孫馬化狗伐荻小兒蛇作龍憂來
惆悵清尊空解事白衣乃相逢一觴進我忘憂物浩
歌目送南飛鴻

送菊　　范梈

臥病高秋留海浦明日重陽更風雨杜門不出長蒼
苔令我天涯心獨苦籬角黃花親手栽近節如何獨

未開含芳閟釆亮有以使君昨暮徵詩來淩晨試遣
霜根送畚土雖微甚珍重極知無意競秋光往作橫
窻歲寒供憶我初客天子都西垣植此常千株結花
年年應吹帽始信南邦事盡殊願得封培自今日何
間朱厓萬家室秋香端不負乾坤但嗔簫管亂儔匹
歸去來兮雖得歸念歸政自莫輕違他日采英林下
酌誰向清霜望翠微

劉常州宅對菊醉歌　　柳貫

菊花高株高一丈葩萼亞盂葉承掌攙先節物作重
九亂點秋花入屏幌黃黃白白鬭新品大朶如擘小

栗里菊　王質

花藥之列無先我菊宜露宜風大率宜肅其次蘭桂饒山林氣菊不敢先迭爲仲季在我窩兮不欲枯山容貴癯神貴孤塵外有塵中無

甘菊　王質

我取友兮得甘菊叢高葉低貯清醱石盂幡纚乳花飛錯落紛敷間寒綠入顧渚入蒙山所思兮烏可揖椿兒桂子爭芳鮮

菊花歌　鄭思肖

太極之髓日之精生出天地秋風生萬木揺落百艸死正色與秋爭光明背時獨立抱寂寞心香貞烈透寥廓至死不變英氣多舉頭南山高嵯峩

菊　謝枋得

淵明豈但隱逸人淵明素懷諸葛志清香不獨占秋天菊潭一滴三千歲

酬宋湜賈黃二學士　田錫

靖節先生曾賞菊東籬有霜花正開翰林主人人賞菊北門吟咏有餘才一唱再和才力健兼金酬以瑛瓊瑰善歌使人繼其志遠寄淮陽知郡吏淮陽郡中方燕居跪讀重緘尺素書中有五章章八句復有二

俗好豁然高秋天地肅百物衰零誰暇弔君看金蕋正芬敷曉日浮霜相照耀煌煌正色秀可餐藹藹清香寒愈峭高人避喧守幽獨淑女靜容修窈窕方當搖落看轉佳慰我寂寥何以報時攜一樽相就飲如得貧交論久要我從多難壯心衰跡與世人殊靜躁種花勿種兒女花老大安能逐年少

菊花

曾鞏

菊花秋開只一種意遠不隨桃與梅遊人有幾愛孤獨零落野水空崖隈層層露萼間枝葉金靨萬個圓蒼苔直從陶令酷愛尚始有我見心眼開爲憐清香與正色欲寒更惜常徘徊當攜玉樽就花醉一飲不辭三百盃

其二

東籬菊花今已開萬物各自相驅催却尋桃杏那復有舊樹參差空牆隈年光日日已非昔人世可能無盛衰朱顏白髮相去幾勢利聲名相抑排三公未能逃餓死九鼎竟亦爲塵埃乃知萬事皆自在有便只宜持酒盃

九月五日對菊小飲

李綱

淵明愛此九日名對酒無錢可留客杜陵爛醉作生

如仰或稽紅紫當獨秀詎識幽閒無競賞天工似爾費彫刻人力可堪專灌養京華樂事全盛時隙地買栽隨意賞誇多直擬衛霍儔豈顧家徵百金享常州使君開書堂簷綱連楣出虛做集芳作譜爲娛賓賴有筵前玉舟兩不知誰解載傾城但道我屋無藏鏹過從數客問前茅出節何時試英蕩可能輕別負芳期遂使寒香淪宿莽孤根有託俟歲晚念景如流嗟運往我歌君飲君當酬明日霜河催去槳

題墨菊　黃鎮成

江南九月秋風凉秋菊采采金衣黃近時丹丘出新意却洒淡墨傳秋香青城學士曾題藻散落人間共傳寶卷舒造化入毫端回首東籬自枯槁東陽傅君心好奇何處得此秋霜枝湖湘衲子遠相貺筆勢迥與丹丘齊香雲細蹙元玉屑老榦拗斷烏金折不隨粉黛學時粧自與幽人同志節淵明已逝屈子沉晚香縱有誰知心感君畫圖三嘆息爲君長歌楚天碧

山中信宿忽念菊馳歸　胡森

南山悠然且信宿忽念東籬數莖菊命輿欲趂晨光熹延籬一嗅清風穆金莖濯濯沆瀣浮玉衡采采繁星蠹霜葉半悴聊復滋苦心自抱君應足不將絕艷

矜春閨祇與幽人伴芳躅遊絲都掃綠蕪没拄杖空
庭踏秋月仙露一枝扶頹齡濁醪數斗澆清骨我曹
多慙淵明侶洗耳濯纓才近汝九日還同節序來人
情不與花枝古我昔金陵百數本同遊少年並華省
俛仰歸來幾歲寒故人何處抒幽憤君不見山中蔣
詡容易老一樽欲共衰年倒衰年不來可奈何只恐
零落花枝多眼前得酒且高歌慎勿學牛山墮淚空
揮戈

晚菊　周文璞

亭亭砌下黃金花霜後顏色如矜誇玄英擢折百卉
盡獨自照耀山人家湘纍晨餐不論數千載高丘獨
無女君不見天寶杜陵翁晚節嘗爲少年侮

白菊　宇文虛中

西風蕭颯百艸黃南齋白菊占秋芳主人好事不專
饗擷送客館分幽香幽香清艷兩難得氷雪肌膚龍
麝裛悄然坐我蕋珠宮玉斧瑶姬皆舊識仙家藝菊
名日精我今號爾爲月英月中風露秋夕好感此仙
種來層城憑君傳與金天令月與霜姿駐清景重陽
好伴白衣來五柳先生憶三徑

采菊圖　劉因

天門折翼不再舉袖手四海橫流前長星飲汝一杯酒留我萬古羲皇天廟堂衮衮宋元勳爭信東籬有晉臣南山果識悠然處不惜寒香持贈君

詠菊　明太祖

百花發時我未發我若發時都駭殺要與西風戰一場徧身穿就黃金甲

對菊　陳獻章

淵明無錢不沽酒九月菊花空在手我今酒熟花正開可惜重陽不再來今日花開顏色好昨日花開色枯槁去年對酒人面紅今年對酒鬢成翁人生百年

會有終好客莫放樽罍空貧賤或可驕王公何乃束縛塵埃中簪裾何者同牢籠

過相城和天全翁賞菊　吳寬

菊花開日是重陽坡翁妙語不可當我云但得花之趣何必秋來菊有黃神仙中人壽且康老年見客纔下堂幅巾飄飄映華髮導我直過東籬傍菴居春風定先到已見菊苗三寸長浩歌淵明飲酒章悠然依舊虞山蒼素琴無弦舊有例當春賞菊嗟何妨封題一笑報蘇子為我轉致陶柴桑

賞菊宴　陸樹聲

金飈瑟瑟庭院凉疎叢點綴來秋堂博山無烟花氣香荷衣蘭佩羅四傍朝霞清泛雲錦裳抽黃擷白紛成行露痕洗濕鉛華粧牙籤墨繪相輝光君不見洛陽魏紫與姚黃祇將顔色驕春陽孰與此卉爭孤芳貞姿冷艷欺風霜陶翁身世等羲皇愛此晚節中徜徉主人雅好同柴桑花前留客開壺觴我家山中三徑荒悠然對此心境忘便擕花底晝酩酊笑指南山幽興長

楊和吉西雲亭賞菊和韻　郭鈺

西雲亭上酒初熟西雲亭下蕭秋菊主翁把菊飛酒觴彩箋自寫陽春曲舊觀菊譜不知名今日按行心始足靚粧洗粉舞霓裳醉色扶嬌剪紅玉就中一種菊之王高花獨號御袍黃縹緲翠華下南苑玉環飛燕參翱翔誰言老圃含凄凉雅懷不愛春花香地偏佳色承曉露天清老氣排秋霜府司伐木震山海嗟爾寒花獨光彩長歌把酒酬淵明歸來三徑今何在座客酒酣多氣槩我獨看花發長慨晚歲更爲松竹期他時莫逐蕭蘭改

菊　李蓘

甘谷之下潭水清上有菊花無數生谷中人家飲此

不能令上壽皆百齡漢家宰相亦不俗月致洛陽三
十斛遺蹤蕪沒無處尋夜雨春風長荆穀

郡丞劉公子仁以直道由諫垣外補量移吳
郡署後高齋黃菊翼之顏曰晚香亭諸生莫
叔明要余作歌　王世貞

君不見陽春二三月桃花李花參差發只知穠豔媚
遊蜂寧信芳菲付啼鴂八月九月露爲霜金天司候
律中商此時羣榮盡摇落此際庭菊獨舒黃堂上三
秀垂欲朽握中九畹寒相負遲暮翻窺造物心衰榮
豈落東君手劉侯舊是含香客一官流擯非所惜肯

將憔悴傍靈均自有風流勝彭澤白衣贈君酒一壺
亭亭秋色凌霜孤他時再入承明地莫問玄都花有
無

盆菊吟　焦竑

林莽蕭疎歲欲闌霜華射地明瑱玗藕花夢冷鴛鴦
浦白榆摇落西風寒盆菊君看開正小錦石高雲相
照耀翠色離離秀可餐浮香的的寒仍峭翻羞桃李
當春生淺白輕紅剩有情連枝無那妖嬈態一夜空
驚風雨聲高人避喧來海嶠靜女無言偏窈窕時逢
金令意轉佳移向玉堂看更好幽姿不與凡卉爭靈

氣曾延千萬齡青霞絳闕有時去歲寒且締同心盟

有菊爲盛德彰賦　顧清

江南人家許有竹君家有竹還有菊延年一脉是仙傳不數江頭千畝綠茅簷瀟洒紙窻淨竹闌宛轉苔階曲畦分種別人事盡雨沐風晞生意足八月欲盡九月初霜風漸高木葉枯鄰家蕭條我富貴金釵玉珮羅庭除湘纍放逐怨枯槁淵明亦爲五斗驅南陽老人空壽考食粟飲水終癡愚不如先生生長太平世讀書賣藥至老不受樊籠拘菊花本是蕭散物亦自樂與君爲徒自從入京師十年無地容揮鋤盆栽

擔賣不快意夢中往往尋郊居老去君方厭塵土病來我正思江湖青山何日遂東去一舟定與鷗夷俱疎籬矮屋時入眼楓葉蘆花堪畫圖此時我家菊亦盛亭館亦可羅尊壺君來不憚百里遠我能無酒爲君沽長安在西向東笑只恐春風桃李背面偷揶揄

夢玄所畫菊　周倫

遠天長塞鴻飛風山木落黃葉稀籬邊有菊競金紫九十春光寒不死看君持酒餐落英下有百尺寒潭清

買西園菊至招同社徐興公商孟和諸人花

下小酌因和短歌　陳鴻

幾處菊花殘西圃餘數畝買來竹窗下折簡爲賓友把酒坐花旁一齊衫袖香春天百卉茂不及此幽芳堦下凉風薄暮起枝枝低拂深盃裏願君盡醉宿我家明日更買西園花

七言律

菊　李山甫

籬下霜前偶得存恐教遲晚避蘭蓀也銷造化無多力未受陽和一點恩栽處不容依玉砌要時還許上金尊陶潛沒後誰知已露滴幽叢見淚痕

劉員外寄移菊　李山甫

秋來緣樹復緣墻怕共平蕪一例荒顏色不能隨地變風流唯許逐人香烟含細葉交加碧露拆寒英次第黃深謝栽培與知賞但慙終歲待重陽

奉和魯望白菊　司馬都

恥共金莖一例開素芳須待早霜催繞籬看見成瑶圃泛酒初迷傍玉杯映水好將蘋作伴犯寒疑與雪爲媒夫君每尚風流事應爲徐妃致此栽

和魯望白菊　張賁

雪彩氷姿號女華寄身多是地仙家有時南國和霜

立幾處東籬伴月斜謝客瓊枝空貯恨袁郎金鈿不
成誇自知終古清香在更出梅粧弄晚霞

和魯望白菊　　鄭璧

白艷輕明帶露痕始知佳色重難羣終朝疑笑梁王
雪盡日慵飛蜀帝雲燕雨似翻瑤渚浪鴈風疑卷玉
綃紋瓊妃若會寬裁剪堪作蟾宮夜舞裙

和魯望白菊　　皮日休

已過重陽半月天琅華千點照寒烟蕊香亦似浮金
靨花樣還如鏤玉錢玩影馮妃堪比艷鍊形蕭史好
爭妍無由擒向牙箱裏飛上方諸贈列仙

酬皇甫郎中對新菊見憶　　白居易

愛菊高人吟逸韻悲秋病客感衰懷黃花助興方攜
酒紅葉添愁正滿階居士葷腥今已斷仙郎盃酌為
誰排愧君相憶東籬下擬廢重陽一日齋

白菊一叢呈知已　　陸龜蒙

還是延年一種材即將瓊朶冐霜開不知紅艷臨歌
扇欲伴黃英入酒杯陶令接籬堪岸著梁王高屋好
歌來月中若有閒田地為勸嫦娥作意栽

憶白菊　　陸龜蒙

我憐貞白重寒芳前後叢生夾草堂月朶併開無絕

豔風莖時動有奇香何惭謝雪中情詠不羡劉梅貴
色粧更憶幽窻凝一夢夜來村落有微霜

野菊　李商隱

苦竹園南椒塢邊微香冉冉淚涓涓已悲節物同寒
鴈忍委芳心與暮蟬細路獨來當此夕清樽相伴省
他年紫雲新苑移花處不取霜栽近御筵

和馬郎中白菊　李商隱

陶詩只採黃金實郢曲新傳白雪英素色不同籬下
發繁花疑自月中生浮盃小摘開雲母帶露全移綴
水精偏稱含香五字客從兹得地始芳榮

詠白菊　羅隱

雖被風前競欲催皎然顏色不低摧已疑素手能粧
出又似金錢未染來香散自宜飄綠酒葉交仍得蔭
青苔尋思閉戶中宵見應認寒窗雪一堆

建中覓菊于希喆　歐陽徹

覓菊東籬帶曉烟持觴獨放竹溪仙擬攜賡唱社中
侶來伴沉酣市上眠清叔能詩曾不速廣文嗜酒恨
無錢倘蒙閉戶同轟飲一斗豪顯也百篇

軒前菊蕋將綻因書四韻示希喆約九日聚
飲于此　歐陽徹

菊英糕點近芳辰風掠清香已襲人端的樊川携玉液來同靖節賞金塵藏鬮戲賭杯中物投轄堅留座上賓惡客不容汚吾社摛雲要掃筆鋒神

和府催官冬菊　蘇頌

經冬寒菊已離披梁苑殘英尚滿墀尊酒還思元亮醉秋香又過子愚期尋芳意思人尤厚耐冷枝條土所宜墨客有誰偏好事留將樂府著新辭

和晚菊　王安石

不得黃花九日吹空看野葉翠葳蕤淵明酩酊知何處子美蕭條向此時委翳自甘終草莽栽培空欲傍藩籬千花萬卉凋零後始見閒人把一枝

戲題菊花　蘇轍

春初種菊助盤蔬秋晚開花插酒壺微物不多分地力終年乃爾任人須天隨七著幾時輟彭澤尊罍未遽無更擬食根花落後一依本草太傷渠

和崔象之紫菊　韓琦

紫菊披香碎曉霞年年霜晚賞奇葩嘉名自合開仙府麗色何妨奪錦砂雨遝蕭疎凌蘚暈露叢芬馥敵蘭芽孤標只取當筵重不似尋常泛酒花

惜菊　孔平仲

碧玉枝條手自分花開晚節最憐君斜簪短髮能迴
老蒲泛清樽要助醺着雨半荒猶爛漫繞闌三嗅猎
氤氳更收殘蘂縫爲枕長得秋香深夜聞

次韻錢紫微白菊　劉摯

晚秋風露下星榆玉刻圓錢散曉株人任水涯多白
髮地應花谷近清都挼香漬酒登新譜盆氣輕身載
舊圖移取黃堂朝夕見北洲亭遠故臺蕪

次韻桃花菊　朱服

籬邊不語自成蹊紅入秋叢見亦稀亂插烏巾酬老
健輕浮白酒惜春歸劉郎一去花何晚陶令重來色

已非蝶散蜂藏無足怪冷香寒艷不堪依

菊花　徐積

爲汝花中開最孤詩翁可惜屢提壺却應有意酬青
眼渾似傾心向白鬚擊銅鉢時吟更好擲金錢後醉
相娛楊妃只有黃裙在且問風霜留得無

菊花　劉子翬

青蘂馥郁早抽芽金蘂斕斑晚着花秋意秖應宜淡
泊化工可是惜鉛華輕烟細雨重陽節曲檻踈籬五
柳家暮醉朝吟供採摘迥憐寒蝶共生涯

次韻菊坡　朱松

露浥秋英濕曉陰小坡新劚竹幽尋似欺蘭畹芳披雨聊對風巵旋屑金釆釆繞籬吟欲就垂垂壓帽醉難任使君致主唐虞了三徑無忘此日心

老兵種菊以詩謝之　朱槔

蔬畦雨徑策勳時徙種鄰墻菊兩枝九日無人過朱放十分舉酒酌王尼花栽桌玉秋風健香近龍涎曉夢知負口不應還負眼長饞煩爾鎮相隨

九月菊未花　楊廷秀

舊說黃楊厄閏年今年併厄菊花天但挼青蕋浮新酒何必黃金鑄小錢半醉嚼香霜月底一枝却老鬢

絲邊阿誰會得開遲意賭展重陽十月前

黃菊　岳珂

花時已是過重陽翠幹重開滿地黃不爲晨暉借顏色要將晚節看芬芳宅邊豈必白衣至甕裏不妨紅友香喚起閒情老元亮頹然一醉答秋光

次韻時從事桃花菊　侯延慶

霜郊百草半青黃寒菊偷春作艷粧灼灼似誇籬下客夭夭欲伴禁中郎玄都道士聞須種彭澤先生見定狂莫信化工欺世俗且將一笑薦彤觴

大桃途次見菊　文同

英英寒菊犯清霜來伴山中草木黃不趁盛時隨衆卉自甘深處作孤芳其它爛漫非真色惟此氤氳是正香却念白衣誰送酒滿籬高興憶吾鄉

楊妃菊　林景熙

昭陽舊恨逐風飄歲晚山中霜露饒彭澤歸來空自老上原舞破為誰嬌返魂碧海葵初炷宿酒沉香暈不消亦是前身曾捧硯品題因得入詩瓢

雨中對菊懷范東生　楊師孔

積雨經旬引愁緒小簷曲徑生青苔南山空翠眼難見東籬有花人不來到耳忽驚匡廬瀑知心恐負柴桑杯秋光素淡未堪洗安得長風吹天開

對菊　宋伯仁

少有惺惺得到頭此心何苦懶方收五湖烟雨長如昔一捻功名不自由世事莫將真箇看客程難作舊時留人間豈欠淵明若見着黃花便合羞

訪菊花山人沈莊可　樂雷發

網盡珊瑚采盡珠只餐秋菊養時臞永嘉同社聲名在乾道遺民行輩孤我恨朱門無俗客君言青史有窮儒饑寒正用昌吾道且對鈴岡共撚鬚

雪霽山徑菊花猶盛　王禹偁

狼藉金錢撒野塘殘叢無力臥斜陽爭偷煖律輸桃李獨亞寒枝負雪霜誰惜晚芳同我折自憐孤艷襲人香幽懷遠慕陶彭澤且擷殘英泛一觴

酬景盧謝菊　洪适

涉秋無復滴階聲夜雨隨風塵已清平日愛山營一壑老來學圃列三城園夫種樹原無術籬菊分叢獨晚榮躡屐問花兼問柳不須乘毳可泥行

次韻奉酬徐一之送菊　陳傅良

桂叢蘭畹悄無譁但有哀鴻天一涯節物更誰知白髮交情于此見黃花聲名獨立空秋際香色平鋪與露華南雅未收騷致意騷人應欲補詩葩

和林宗易菊花韻　陳傅良

一歲所餘秋有幾重陽偏與老相催每憐白髮能長健雖愛黃花亦懶栽好景游從須好友新詩風味似新醅人生適意無過此恣聽東籬早晏開

鍾君惠白菊賦謝　周履靖

空齋九日渾無賴未着籬邊一二花喜有故人遺白菊先分秋色到寒家月明靜夜香堪挹枝傲清霜艷轉嘉欲學淵明躭玩賞且將杯酒閱年華

九日不見菊　周履靖

蕭蕭風雨滿陶籬何事重陽菊放遲應笑王弘空載酒好教杜甫謾題詩蹉跎宴賞辜時序荏苒年華有鬢絲瘦似黃花人不見滿懷愁思訴憑誰

桃花菊　王偁

淚灑明妃寄露葩換根非爲貯丹砂黃輕白碎空多種碧爛紅鮮自一家騷客賦詩憐晚節野人修譜是頭花九秋霜露無情甚時約行雲護彩霞

菊花開送徐靈淵　葉適

白頭幾度逢重九方是今年種菊花衰病自憐何處看馨香聊向小園誇討論搖落生光怪暖熱風霜與麗華正好行吟君已去别移秋色付誰家

對菊有感　馬揖

矍鑠山翁志未衰生平惟菊供襟期清標慣與霜爲敵貞節不求春見知把酒相忘陶栗里採茗同調陸天隨浮榮過眼真堪笑秋晚論交更有誰

白菊　馬揖

寒香獨立向吾廬風采精神與衆殊細琢水晶成格範巧裁雲母作肌膚霜凝蘂瓣疑何厚露滴花心認却無縱使雜居流品內知君浩浩不能汙

紫菊　馬揖

紫府羣仙衣紫霞却嗔素節不繁華移將西掖三秋色散作東籬九日花荷囊旁觀難入社茱囊相與是通家靚莊麗服還同調莫向西風立等差

詠菊　　汪彥章

依倚西風不自持葳蕤羽葆雜金規繁開不負朝陽色獨步非關昊帝私把酒可能追靖節掇苗終欲慕天隨春紅過盡聊經眼賴有芬芳慰所思

次韻十五日菊　　丁寶臣

秋香多日閟英華霜脫離離抱砌斜趂節不隨時俗眼近冬〻眞是歲寒花摘辭舊入騷人筆載酒誰尋醉令家曾讀南華齊物論均無遲速可驚嗟

其二

寒芳開晚獨堪嘉開日仍逢小雨斜秋盡亭臺凋木葉月圓時節伴蕙花幽香不入登高會清賞終存好事家黃蕋綠莖如舊歲人心徒有後時嗟

都勝菊　　江褒

似嫌春色愛秋光格外風流晚獨芳淡泞精神無俗艶豐醲肌骨有天香玉攢碎葉塵難染金壓深心蝶謾任曉帶露華初折贈瑤臺欲識斬新粧

御愛菊　　江褒

黃花開盡白花開移自新羅小小栽雅質似嫌施粉
黛玉肌端是屑瓊瑰曾叅御側龍顏愛尚帶天邊月
色來輕着曉霜添嫵媚看勻紅淺上香腮

玉色菊　　江袠

孤根分劚便成叢色弄輕黃轉紫紅愁似斂容羞白
日淡如無語怨西風自緣取賞人心別不許陪觀衆
志同亂折東籬休借問多情誰是主人翁

贈菊　　陸游

花裏風神菊擅名品流不減晉諸卿梅因相與有瓜
葛蘭復何憂無弟兄移後併逢三月雨開時恰值十

分晴傍籬小摘供囊枕留得殘香夢亦淸

雪後小露擷菊苗薦茗

短窻烘日見深明墻角泥乾路欲成槐葉索淘春漸
近菊苗薦茗雪初晴寔蘘且對天隨子大白誰浮阮
步兵願　芳香明老眼要㰖書葉送餘生

題師曾菊逸卷　　李孝先

十年種菊東皐下爲愛淸香更不衰晚節未愁霜露
廹苦心終與歲寒期南陽身後成何事彭澤歸來祇
自知見說大官憂轉劇平生匡濟欲誰爲

次韻雙頭菊　　袁㮙

袖舞西風大小垂駢頭顛立傲霜枝步摇高擁車同入笑靨初鈿坐共移素質斷金疑並蒂閒情餐玉喜浮觴蓮池睡冷鴛鴦起似怨秋風有恨離

次韻史允叟殘菊　　袁桷

白鴈西風幾夕陽故園牢落是他鄉獨憐壽客三秋晚不受玄都一夜霜曉沐綏垂蒼玉珮晚粧愁帶紫羅囊凝香深院誰消得時許飛瓊點額黃

菊　　趙秉文

水冷雲疎木葉黄繞籬目送鴈南翔酒傾桑落林廬静秋入騷人齒頰香人惜後期沾雨露天教晚節傲

風霜憑誰寄語陶元亮不爲南山興自長

菊　　趙秉文

西風吹葉静千林獨自幽香伴苦吟細蘂宮槐舒碧皺小花佛頂暈黄深誰憐細雨情何限可惜清霜瘦不禁寄語兒曹莫輕折重陽留待付孤斟

冬菊　　馬臻

三徑荒蕪冷未分尚留秋色在籬根盈枝香老爭霜力繞砌叢低上凍痕芳芷不禁甘委質早梅如見斷銷魂又輸彭澤饒詩興雪滿南山酒一樽

陸氏菊遺　　陳旅

望仙橋下市塵間汨汨紅塵沒馬鞍誰種禽花蒲幽逕故收野色入晴闌籬根荷鍤培深雨鄰曲移盃對早寒玩此芳叢足怡老南山當戸不曾看

謝曹雲西菊　楊載

聽鶴亭西處士家中圖萬本植秋華攜鉏歲歲根株茂載酒時時興趣嘉巳散白英凝曉露更敷紅艷照晨霞新題料得篇章富肯示同游細細誇

謝雲西寄菊花　楊載

君種菊花兼五色能令秋日勝春時香浮琖斝和金屑光射園林列錦堆遠水波寒凝慘淡嚴霜節屆厭離披淵明去後踰千載猶有斯人把一枝

次鄧善之五月菊花詩韻　陳櫟

窻前來伴蹙巾榴滴滴圓黄點徑幽不待臂萸添醉興且隨腰艾動騷愁金明難辨一朝費花早看成五月秋浥露掇英眞菊否名同實匪暫淹留

咏杞菊　洪希文

雷聲殷殷艸頭青又見春風拂翠屏夜吹精神存下體日餐功效盃頽齡雪葅細芼茶初熟鹽豉輕調酒半醒早辦葛巾與芒屩明春要采首陽苓

次韻公才對菊見懷　姚孝錫

髮蓬新感二毛侵尚阻清尊對菊斟久擬芝蘭同臭味莫疑魚鳥自高深食貧豈復甘秦炙客病空懷奏楚音挂席無由上牛斗漫憑流水送歸心

野菊　元好問

柴桑人去已千年細菊斑斑也自圓共愛鮮明照秋色爭教狼籍臥疏烟荒畦斷壟新霜後瘦蘂寒螿晚景前只恐春叢笑遲暮題詩端為發幽妍

野菊再奉座主　元好問

晚景蕭疏畫不成晚花作意出繁英鮮明獨向霜露見爛漫却隨蒿艾生南國騷人知有待西風蝴蝶更

多情南山正在悠然處安得芳樽與細傾

十月菊為鮮于彥魯賦　元好問

清霜淅淅散銀沙驚見芳叢閱歲華借煖定誰留翠被鍊顏應自有丹砂秋香舊入騷人賦晚節今傳好事家不是秋風苦留客褰遲久已避梅花

五月菊　陶宗儀

老圃乘涼起嘆嗟孤標底事便開花石榴明處朝同采紅藕香中酒漫賒畫舫沅湘懷屈子薰風庭館屬陶家也知不為趨炎出莫忘清秋興緒佳

並頭鶴頂紅菊次雲樵韻　陶宗儀

翩躚籬下合歡叢騈首昂藏沁淺紅湘浦淚沾仙羽若喬家醉嗅晚香同秋宵併作繁華夢春色匀光隱逸風自昔栽培無此本丹鉛圖寫待良工

黃白二色菊　陶宗儀

一本花敷二樣芳試稽別譜異尋常東籬夜結金銀氣彭澤神遊坤兌方正色斗隨霜露改晚香渾似蝶蜂忙蠟葩月朶爭輝潔漁隱詩篇久播揚

菊枕　馬祖常

東籬采采數枝霜包裹西風入夢凉半夜歸心三徑遠一囊秋色四屏香牀頭未覺黃金盡鏡底難教白髮長幾度醉來消不得卧收清氣入詩腸

雙頭菊　馬祖常

金屈卮邊醉裏垂秋雲如幄貯仙姿寒生小靨廻鸞動香入流蘇睡鴨移結綬巧承西顥曲落鈿羞帶月支釵青霜爲我催憔悴銀屋何人怨别離

和雙泉諸君題徐氏菊　凌儒

老圃秋光久破籬風前奇萼見應稀傳來天上疑無種開向人間信有機一斗肯容彭澤醉五車定解碧山圍願題錦字求青女莫散銀花滿露幃

茅亭移菊　凌儒

誅茅小結晩芳亭手植黄花蒲地星不事春華爭艶冶且分秋色慰凋零餐英可却乾坤老把酒寧知人世醒多少市喧驅逐盡棋聲隔竹靜堪聽

咏菊　東會王　震峯

紫白紅黄散曉霞錦叢繡朵致人誇霜前摘蘂折繁顆雨後分苗剖嫩芽忽漫數蹊供逸興强榮百品待年華蕭條籬舍秋容冷信是吾生樂有涯

悼廢圃殘菊　劉基

舊菊將蕪尚有根高秋相顧耿無言芳心不共青莎死生態猶欺白露繁要待雲均餐落蘂從教元亮恥空尊何人解識凄凉意分付寒螿仔細論

九月晦日玉延亭看菊　王鏊

秋盡燕南菊有華品題猶自待詩家酒澆屈子醒魂杳燈見西施醉影斜九日風光今已負百年世事亦無涯升堂細碎還堪擷杜老無庸晩見嗟

鵓鴿菊　楊基

曾隨鷗鷺浴滄浪又對芙蓉試淺粧露冷有香棲晩圃月明無夢到寒塘綠波春草當時雨黄葉秋風此夜霜莫道淵明最憐惜右軍應爲寫千行

雙頭菊爲周孟瞻昆仲賦　徐賁

籬落花開並蒂黃相依不是競秋光情親共肙重陽
雨志傲同凌十月霜莫道寒英爲獨秀須知晚節有
聯芳譜中異品誰能及只合題名作棣棠

詠菊　薛瑄

一氣蕭森百草黃獨留此物傲秋光霜從降後殊多
艷風不來時亦自香詩客采英秋得句佳人倚竹暮
凝粧歲寒惟有烏臺客共保芳根近畫堂

周原巳席上賦十月菊　李東陽

布袍蕭索不勝涼坐愛芳心共日光何用門前看五
柳始知秋後有重陽故園栽處田應熟小市開時藥

正香自古交期須歲晚相過不敢避風霜

醉楊妃菊次韻亨父　李東陽

誰采繁花席上題偶將名姓託唐妃日烘花萼熏時
面雨換華清浴後衣隔坐似邀秦國語揮毫未放謫
仙歸欲從顏色窺生相已落詩家第二機

有菊爲醫士盛熚作　李東陽

幽人種花花滿家此花之外更無花懶隨桃杏爭春
色且共參苓閱歲華青眼舊憐攜綠酒白頭低愛插
烏紗不須更酌南陽水自引香泉灌藥芽

九日盆菊盛開將出郭有作　李東陽

買得長安擔上秋南山只在屋西頭花開正好逢佳節身病那堪復遠遊昨夜月明空對酒晚來風急怕登樓兩情重有燈前約爲報花神作意留

冬至菊　李夢陽

至日貪看九日花弄霜吞雪轉宜誇思將正色留天地肯使陰陽管歲華寒蒂已包重放萼暖根應抱更生芽書雲莫誤禎祥奏斗酒東籬自有家

袁青田遺白菊名鬬嬋娟　居節

欲鬬嬋娟別作粧雪衣輕薄妒霓裳影雖可覓東籬月寒不能消昨夜霜映水似於秋借色倚風眞覺玉

吹香芳名乍許人間識曾侍西池阿母傍

菊枕　瞿佑

不共茱萸入酒甌相親似欲老温柔愁吟常伴風霜夜醉臥不知天地秋蝴蝶有香來夢裏黃金無價滿床頭並欹美女鴛鴦穩贏得相思事可憂

白菊　唐汝楫

一種芳姿迥出塵瓊瑤爲骨水爲神過觀籬下銜杯客疑是窻前映雪人冷艷未饒梅共色淡粧長愛月爲鄰幾回曉起掀簾玩認作何郎恐未眞

咏庭前蒙菊　文徵明

寒英剪剪弄輕黄百卉凋零見此芳天意也應憐晚節秋光端不負重陽郊原慘淡風吹日籬落蕭條夜有霜輪與陶翁能領畧南山在眼酒盈觴

菊花　王世貞

三徑雖荒爾尚存故將秋色點衡門千林落木誰堪殿九日浮萸逈獨尊甘谷可延胡傅老沅波誰返屈生魂何如且向東籬下潦倒支頥付酒罇

菊　夏言

東籬孰植數枝芳點玉浮金白間黄豈是種嫌春氣媛都因性耐晚風凉露凝疎蕋添生意霜落殘花到底香莫把品題歸隱逸還從老圃管秋光

玉堂對菊閣試　楊鋒

碧梧消息委銀床黄菊芳菲對玉堂禁苑栽培元得地仙家草木不知霜甘泉宫裏龍銜燭太液池邊鵲借裳東閣吟成花掖暮南端歸去彩毫香

九月晦日鈞州公館見菊　唐順之

天涯已逼三冬候客舍仍開九日花無那繁香紅雨歇獨看疎蕋向風斜餐英實有騷人興送酒虚疑陶令家想像故園揺落盡倍令遊子惜年華

二十日見菊　沈周

刺眼新黄見曉枝衆皆爭早獨何遲晚成霜下眞能耐静寄籬根不自卑聊補一年秋淡泊追嫌九日事參差老夫謝酒緣多病醒詠還如落帽時

蒔菊　沈周

合瓦團團縛小盆烟叢分蒔遶秋軒先教辨葉方知種更慮澆泉太漬根寒送餘甘歸藥籠晚投薄分與柴門開花解向天涯笑游子何時憶故園

殘菊寄兼素　陳獻章

徙檻編籬與護持託根何謝九江時數花寂寞元高品一賞延緣有舊知把酒忽驚今日意餐英誰弔古人悲風霜未改微馨在看到玄冬復幾詩

次趙提學十月賞菊韻　陳獻章

不論開早與開遲到處逢春把一枝清獻插來紗帽重陶潛醉倒葛巾欹青蘂不赴先生召白雪虚傳幼婦詞却對藥欄何意緒江門店酒獨斟時

婁東判石公餉菊賦謝　申時行

一水能通貫月槎九秋偏贈傲霜花瓊枝濯濯深含露紫艷蕤蕤細吐霞開傍松軒成晚節分來蓬島是仙葩試論禁苑追陪日何似園林樂事賒

對菊　申時行

獨坐高齋泛羽觴且看叢菊媚重陽繁英乍吐丹霞色冷艷全分白雪香好共清幽矜晚節偏從搖落殿秋光疎花短髮能相倚三徑猶憐歲月長

閏九月菊　袁宏道

殘黃疎白也堪憐舞向先生屋角邊一與清閒為伴侶幾番瀟散歷風烟霜林已是呼前輩秋蝶無因識暮年拚取家醪三百盞葛巾狼藉枕花眠

菊花　顧璘

元亮休嗟菊徑荒謝庭還報繞籬黄年豐幸有杯中酒節勁何嫌鴈後霜同氣芝蘭元自合誰家桃李敢言芳深根保取年年盛百歲吾曹樂未央

咏醉楊妃菊　喬長史

嬝娜嬌姿不耐霜芳根移得在昭陽帶將春色三分艷散作秋陰滿院香傾日尚疑聞羯鼓臨風猶自舞霓裳祇愁野鹿偷銜去寂寞梨園空斷腸

九月將望始對菊　陸深

遥憐佳節過重陽疊疊青山近短墻忽見黄花和我瘦不知白日為誰忙買栽自嘆居無地欲插先憐鬢有霜攜向小齋風露背捲簾邀月伴秋光

高夔府先生宅內賞菊　何景明

淺白輕黄千萬枝幽香今日始相期雨中籬落人稀到水畔亭臺蝶不知折向秋風堪寄遠種因晚節故開遲去年此會今皆健來歲花時可對誰

九日對菊　陸可教

西風庭樹曉生凉滿眼黄花照玉堂摇落未應隨衆卉孤高偏得占重陽繁霜點點催寒艶清露涓涓裛晚香莫問東籬今寂寞鳳城秋色自迴翔

送菊涯翁　何孟春

山徑曾陪九日遊數枝還爲一尊留買從遠市聊供節栽向名園合擅秋漸老有人憐客瘦乍寒無客替蜂愁多情不用防吹帽短髮猶禁插滿頭

王奉常招往西田賞菊　吳偉業

九秋風物令公香三徑滋培處士莊花似賜緋兼賜紫人曾衣白對衣黄未堪醉酒師彭澤欲借餐英問首陽轉眼東籬有何意莊嚴金色是空王

其二

不扶自直疎還密已折仍開瘦更妍最愛蕭齋臨素壁好因高燭照華鈿坐來艶質同杯泛老去孤根僅托全苦向鄰家怨移植寄人籬下受人憐

偕正泉過朱古公菊嶼　馬宏道

踐約重尋小有天青苔染屐路迂偏石湖老去名真隱彭澤歸來號散仙九錫闕奇霜下傑千蘤變態畫中傳紫陽韶令餘風致從此相逢豈世緣

其二

逕隔塵氛即洞天蘿烟深鎖絕幽偏一亭何異衆香國百益同班十賚仙天女洗粧空色相徵君抱節到今傳快遊却惜離金鳳好訂朱張結勝緣

張柱史銜齋對菊限韻同賦　張獻翼

紫萸黃菊媚初冬九日看來笑未逢採處江山青靄散餐時林館白雲重清霜都下廻驄馬疎雨籬邊感候蛩秋盡共憐今夕與花前一醉已千鍾

同詠　張一鯤

五柳籬邊花意濃一杯何意得相逢霜寒玉蕋秋光淨露浥金莖艷色重清賞最堪攜野鶴孤標誰得伴吟蛩客來移置西窻下銀燭高燒過晚鐘

次兵憲王公韻　許承周

東山雅志莫相違海內如公信已稀心遠自能兼吏隱官高原不愛輕肥遠他籬下開三徑許我尊前醉白衣遲到秋風花事好看將晚節競芳菲

天津舟泊見岸女簪菊　鍾惺

常時九月上旬前未必寒花在酒邊插鬢想他開已久驚心羨爾見能先數枝紅似露霜氣一路香應照水天買置舟中伴鑾素欲成三婦各嫣然

紅菊　官一夔

紅艷團團纈嫩芳九秋風月占高堂玉環夜宴華清苑西子春粧響屧廊醉伴琅玕屏畔月夢隨瑪瑙枕邊香若教解得尊前語見慣劉郎合斷腸

新齋對菊　熊卓

野客臨江一草堂碧雲遲菊倍年光當墻泠艷暉暉薤蘸雪疎枝冉冉香豈有遊蜂喧暮景故須寬地著孤芳還愁逝水催華髮日日攜壺醉不妨

白鶴翎　萬建易

趨妍鬥巧翻多事盡謝鉛華轉更奇時傍月霜如隱見偏憐黃絳逞幽姿素衣不帶風塵意片羽堪憐冰玉肌幾向秋來清思遠攬英直與素心期

咏雪菊　程嘉燧

雨中階下亦鮮妍詎料冰霜一夜纏洛女淩波迴婀娜瑤娥倚竹泣嬋娟饋糧道士披雲臥漉酒徵君冒絮眠若把寒英比團扇秋風重熱不辭捐

移燈賞菊和十峰　顧清

寒叢可似浣溪花也逐銀燈上碧紗滿地月明搖壁
暈一襟涼氣濕雲華旋浮綠酒須拚醉遍插烏巾未
當奢却恐夜闌人欲睡寵光明日拜公嘉

黃菊　鄧雲霄

晚對金尊泛落英西山爽氣入秋明偏憐骨為淩霜
瘦更羡香緣飲露清薄宦幾年猶浪迹故園三徑正
含情憑君寄謝東籬客嘯傲歸來得此身

修西園菊籬酌客漫賦　鄧雲霄

愛惜孤芳謹護持搴英片片灑寒卮乾坤逆旅誰為
主風物驚心有所思幽賞未逢花李笑後時寧遣蝶

蜂知一官牢落今如此與爾高歌倒接䍦

十月始見菊　袁公晃

怪爾清姿消瘦盡冷風疏雨亦淒其玄冬乍見真成
晚白首相期亦未遲雲暗郡城愁獨坐日斜鄉國望
移時尊前摘索原因醉燭底歌吟轉更悲

菊　張名由

熒熒雲樹繞江鄉秋盡茅廬菊有芳雜綵陸離新就
剪名姬綽約偶成行月臨蘚砌重重影風入疏簾細
細香老去索居無長物定為良友日徜徉

怡菊　曹泰

閒情晚與一籬花泠淡相看只在家斗米無緣官不
愛重陽有客酒當賒碧潭涼露袪心病白髮秋霜感
歲華見說飽餐能不死欲依三徑老烟霞

咏菊　盧紘

秋園色色簇新粧惟許貞心獨讓黃正氣全鍾乾位
秀芳甘偏讓露中香落英誤解離騷註食杞珍傳貧
宦方我亦自餘三徑在歸來莫只羨柴桑

九日以菊花酒寄施醇翁　王廷珪

每逢佳節憶淵明自採籬邊細菊英坐見南山橫紫
翠遥聞北地落欃槍澆胸止賴盃中物快意豈圖身
後名幸有酒兵堪一舉請公談笑下愁城

集蘇弘家齋頭看菊同用香字　張爕

焚枯酌醴坐中堂秋滿籬邊無數黃幾到迎風嬌欲
舞翻因浥露淨含香清姿逆合芝蘭室遠韻偏宜翰
墨塲管取落英隨夕供更從酌水問南陽

諸友攜菊載酒至　王寵

菊花蒲叢酒蒲觴嘉賓奕奕森琳瑯蒼松白雲秀絕
壁玉梟金鳫喧廻塘自疑豪宕類北海轉覺村墅如
柴桑齊觀大小總天地且與斥鷃相翱翔

尚之過飲菊下奉同一首　王寵

菊花爛漫開蕭堂白雲翠壁揺秋光管寧榻靜坐終日陶令籬疎時一觴野鶴向人紛自舞浴鷗喧渚澹相忘老農饌客惟雞鶩祇賞南山萬叠蒼

李士英劉道亨過園居看菊　吳寬

詩人渾不厭貧家閒就荒園看菊花傾側蠟酷甁未馨品題秋色句爭佳殘英抱節貞霜傑本草言功有日華醉後郤勞歸騎晚西風烏帽數枝斜

節後見菊　吳一鵬

重陽已過十餘日纔見疎籬菊有花厭逐紛華供俗眼獨留冷淡伴詩家清霜數朶水邊淨落日一枝風外斜爲汝秋深慰蕭索酒酣聊取插烏紗

對菊小集次盧淶西太史韻　駱文盛

淺紅深紫信誰強晚色今看獨讓黃客至祇應供一笑詩成不覺到斜陽風流已占陶園景翰墨仍薰漢署香飲盡不須愁酩酊邊庭今已奏于襄

十日菊　桂

節去花空滿舊籬分明有客掇殘枝芳尊獨酌還成趣華髮雙簪也自宜棄置不須傷落莫遭逢喜共慰衰遲僕夫向我殷勤說莫遇兒童恐被嗤

九日賞菊　袁仁

蔓草羅幃貯曉風繞溪黃蝶何叢叢晚色不隨桃李伴春光都在雪霜中花開北牖酒初熟人到南山意總空昨夜溪翁徵往事南軒相對說陶公

邵節夫宅對菊次劉克柔韻　周用

覓得詩人陸務觀菊花況復耐高寒酒星夜出黃姑渚筆陣秋橫白帝壇生黍不須吹玉琯落梅何處坐金鞍不嫌冷淡幽人伴雪乳冰虀細細餐

其二

秋晚看花未較遲羽儀不放主人知夜來杯酒無多客日後風霜得幾時却笑劉郎懷舊約尚憐秦女剪新羈穠華不共春花落消得西堂百詠詩

其三

兩鬢西風蒲面霜問渠可是鄧州黃已從佳節悲陶令且復長歌學楚狂翠幙遮圍憐醞藉彩毫點綴覺芬芳誰家今夜無高興畫燭銀屏滯晚粧

縣官衙菊　周用

郎官種菊當東曹觀物未必忘心勞百花自覺此輩好九日欲登何處高草萊我亦愧老圃風雅君復追離騷深黃早晚着秋色把酒相期窺御袍

立冬日洞庭山社集看菊　路澤農

三吳秋盡不知寒黃菊經秋尚未殘鄉里衣裳少新製草堂詩酒任交歡十年旅夢悲王粲隔代風流憶謝安且向花前拚一醉洞天福地此中寬

菊泉　盧冠巖

僻徑戎戎千樹霜清臨流水注秋光黃金淨躍潭中影青眼倒窺涯上芳彭澤灔波滋晚節峴山寒日浴殘粧長源到海無窮盡添試曹溪一勺香

賞菊次韻　盧冠巖

飲水餐英作壽基滿庭霜傑副襟期尊前朱履踏紅葉頭上金錢蘸綠巵秋色已拚今夕醉朔風何急向籬吹自知根蒂從來固誓不飄零滿砌墀

重九後菊　葉顒

癡蝶狂蜂未用疑從來根性懶趨時情知不少爭先輩故遣遲開殿後枝斜日園林方冷淡西風天地特清奇芳苞小蕋秋香老不是淵明斷不知

時和送子白鶴翎菊　周倫

新居昨日攬秋芳一種還分七尺強細剪千翎如鶴羽中含一瓣帶鵝黃寒英已過重陽節老幹全勝五夜霜從此瑤華頻入詠香風淨動紫萸囊

燈下賞菊　　周倫

更漏沉沉客滿筵旋移黃菊素屏前即開樽酒聊乘興亂發燈花若鬭妍看去醉疑蒙紫霧折來香欲動華顛相看記得長安夜對影題詩又五年

逕友　　陳懋仁

頴擢黃中老自安淺香纖冷更堪觀野人籬落貞秋色霜日葳蕤領歳寒有酒常依徵士飲懷沙聊御逐臣餐茗若三徑猶存者誰得幽情似考槃

藝菊志五卷

嘉定陸廷燦扶照氏輯

詩三

七言絕

菊花　元稹

秋叢繞舍是陶家遍繞籬邊日漸斜不是花中偏愛菊此花開盡更無花

席上賦白菊　白居易

滿園佳菊鬱金黃中有孤叢色借霜還似今朝歌酒席白頭翁入少年場

禁中九日對菊花酒憶元九　白居易

賜酒盈杯誰共持宮花滿地獨相思相思只傍花邊立盡日吟君咏菊詩

軍事院霜菊盛開　皮日休

金華千點曉霜凝獨對壺觴又不能已過重陽三十日至今猶自待王弘

白菊　皮日休

已過重陽半月天琅華千點照寒烟蘂香亦似浮金靨花樣還如鏤玉錢

奉和諫議訓先輩霜菊　陸龜蒙

紫莖芳艷照西風祇怕霜華掠斷叢雖伴應劉還強醉路人終要識山公

憶白菊　陸龜蒙

稚子書傳白菊開西城相滯未容迴月明階下牕紗薄多少清香透入來

菊　鄭谷

王孫莫把比荊蒿九日枝枝近鬢毛露濕秋香滿池岸由來不羨瓦松高

十月菊　鄭谷

節去蜂愁蝶不知曉庭還繞折殘枝自緣今日人心別未必秋香一夜衰

白菊　司空圖

登高可羨少年場白菊堆邊鬢似霜盌笄更希沾上藥今朝第七十重陽

花下對菊　司空圖

清香裛露對高齋泛酒偏能浣旅懷不似春風逞紅艷鏡前空墜玉人釵

庭前菊　韋莊

為憶長安爛漫開我今攜爾滿庭栽紅蘭莫笑青青色曾向龍山泛酒來

對菊　　僧齊已

無豔無妖別有香栽多不為待重陽莫嫌醒眼相看
過却是真心愛淡黃

暮秋見菊花　　鮑溶

菊花低色過重陽似憶王孫白玉觴今日王孫好收
採高天已下兩回霜

宮中菊　　宋徽宗

清晨檐際肅霜鮮曉日初消萬瓦烟隆德崇陽開小
宴競將黃菊作荒田

題壽客　　關士容

莫惜朝衣換酒錢淵明邂逅此花仙重陽滿滿杯中
泛一縷黃金又一年

毘陵張敏叔繪十花為一圖目曰十客圖其
間菊花曰壽客錢塘關士容因賦詩殊恨其
不工今作一絕以易之云　　王十朋

東籬寂寞舊家鄉頭白天生鬚又黃歲歲相陪重九
宴主人傳得引年方

菊　　歐陽修

共坐闌邊日欲斜更將金蕊泛流霞欲知却老延齡
藥百草開時始見花

菊枕　陸游

少日曾題菊枕詩蠧編殘藁鎖蛛絲人間萬事消磨盡只有清香似舊時

咏菊　王安石

補落迦山傳得種閻浮檀水染成花光明一室眞金色復似毘耶長者家

城東寺菊　王安石

黃花漠漠弄秋暉無數蜜蜂花上飛不忍獨醒辜爾去慇懃爲折一枝歸

詠菊　王安石

院落秋深數菊叢緣花錯莫兩三蜂蜜房歲晚能多少酒盞重陽自不供

殘菊　王安石

黃昏風雨打園林殘菊飄零滿地金攬得一枝猶好在可憐公子惜花心

五月園夫獻紅菊　蘇轍

黃花九月傲清霜百草滿園無此香紅紫無端盜名字試尋本草細思量

其二

南陽白菊有奇功潭上居人多老翁藥似皤蒿莖似

棘未宜放入酒盃中

閱古堂前植菊二本九月十八日花猶未開因以小詩嘲之　韓琦

只趁重陽選菊栽當欄殊不及時開風霜日緊猶何待甚得迎春見識來

戲答王子予送凌風菊二首　黃庭堅

病來孤負鸕鷀杓禪板蒲團入眼中浪說閒居愛重九黃花應笑白頭翁

其二

王郎頗病金飄酒不耐寒花晚更芳瘦盡腰圍怯風景故來歸我一枝香

自採菊苗薦湯餅　黃庭堅

幽叢秀色可攬擷煮餅菊苗深注湯飲水食蘗浪自苦摩挲滿懷春草香

戲答王觀復酴醾菊　黃庭堅

誰將陶令黃金菊幻作酴醾白玉花小草真成有風味東園添我老生涯

寺菊　秦觀

門掩荒寒僧未歸蕭蕭庭菊兩三枝行人到此無腸斷問爾黃花知不知

佳菊　蘇過

壽客尤宜在壽鄉鈿花的皪傲新霜更歌華壽今歸去尚有淵明野趣香

五色菊　劉原父

屢聞白雪題詩句飽看黃花泛酒盃豈是一枝能五色相隨次第雪中開

庭前菊　劉原父

翠葉今華刮眼明薄霜濃露倍多情誰人正苦山中醉借與繁香破宿酲

池邊菊　王禹偁

緣池遶逕幾千栽準擬登高泛酒杯未到重陽歸闕去金英寂寞為誰開

重陽不見菊　范成大

節物今年事事遲小春全未到東籬可憐短髮空欹帽欠了黃花一二枝

其二

冷蘂蕭疎蝶懶飛商量何日是花時重陽過後開無害只恐先生不賦詩

菊樓　范成大

東籬秋色照疎蕪挽結高花不用扶浮洗西風塵土

向來看金碧萬浮圖

愛菊　馬揖

愛菊吟詩興不窮平生事業在其中成名縱未爲詩
將立傳猶堪號菊翁

友菊　馬揖

雨餘深院香猶在霜後疎籬色倍明臭味相投吾與
汝不隨時世變枯榮

茹菊　馬揖

雨餘采擷供晨饌亂簇冰盤翠欲流勝友過從休先
笑山居只此當珍羞

賞菊　馬揖

時時載酒過籬邊無日無花到眼前清賞不須論九
月一年長是菊花天

對菊　馬揖

淵明常醉屈平醒採菊餐英得趣深野老對花醒復
醉不同時世却同心

菊花　史鑄

獨芳三徑屬秋深清致貞姿快賞心解道卓爲霜下
傑平生靖節最知音

佳友　史鑄

氣清色正品尤高好事幽人善與交開徑何須望三
盆相陪雅尚在香苞

對菊懷古　史鑄

靖節先生菊滿園其名獨有九華存東籬若許塵蹤
到佳品須當盡討論

殘菊　楊廷秀

腸斷黄花霜後枝花乾葉悴兩離披一花忽秀枯叢
裏更勝初開乍見時

采菊　馮發藻

和霜旋采黄香嗅與客登高適興時多謝安排滿頭

插相隨何得怨開遲

茶菊　許暘

采得黄花滿懿筐愛渠甘味更還香揩前蟹眼湯初
熟七椀何妨取次嘗

紅菊　許暘

一種嬌紅倚畫欄晴霞絳雪結成團于中一朵黄花
映共道相如火煉丹

屈原餐菊圖　鄭思肖

誰念三閭久陸沉飽霜猶自傲秋深年年吞吐說不
得一見黄花一苦心

陶淵明對菊圖　鄭思肖

彭澤歸來老歲華東籬儘可了生涯誰知秋意凋零後最耐風霜有此花

菊花不謝　鄭思肖

花開不並百花叢獨立疎籬趣未窮寧可枝頭抱花死何曾吹墮北風中

黃花　朱淑真

土花能白又能紅晚節由來愛此工寧可抱香枝上老不隨黃葉舞秋風

奉詶霜菊見贈之什　崔璞

菊花開晚過秋風聞道芳香正滿叢爭奈病夫難強飲應須速自召車公

送菊與劉守漢臣　郭祥正

一年愛惜傍東籬今日纔開四五枝折與劉郎休嘆老嫩黃新白恰相宜

秋末圭竇齋前菊盛開　張耒

幽齋誰與破窮愁蜀錦當軒爛不收白帝屬車千萬乘玉輪金轂照淸秋

九月十日菊花爛開　張耒

蕭條秋圃風飛葉却有黃花照眼明已過重陽慵采

擷旨嫌亦作世人情

白菊　魏野

濃露繁霜着似無幾多光彩照庭除何須更待螢兼雪便好叢邊夜讀書

小甘菊　文保雍

莖細花黃葉又纖清香濃烈味還甘祛風偏重山泉漬自古南陽有菊潭

梅間踰月而黃菊方爛然　鄭剛中

江梅久矣報塗粉籬菊傲然方鑄金嶺外四時惟一氣難分冬霧與秋陰

霜後菊　姜特立

嫩黃醲白媚秋暉正坐淸霜一夜飛似怯曉來天氣冷一時都換紫羅衣

大笑菊　姜特立

玉瓣金心磊落花天姿高灑出常葩標名大笑緣何事開口相逢有幾家

菊　戴君恩

芳叢煌煌殿秋光嬌倚西風學道粧一自義熙人去後冷烟疎雨幾重陽

菊口號　張孝祥

五柳門前三徑斜東籬九日富黃花豈惟此菊有佳
色上有南山日夕佳

送四月菊與提刑丈　張孝祥

午陰籬落小徘徊庶許清香鼻觀來定自霜臺風力
峻故教寒菊暑中開

其二

金縷裁衣玉綴裳掃除瘴暑作秋香一盃擬做重陽
賞更惜西風一夜涼

為曾公卷題采菊圖　韓駒

九日東籬采落英白衣遥見眼能明向令自有杯中

物一段風流可得成

菊　陶弼

九月嚴霜殺草根獨開黃菊伴金鐏東籬故事何重
疊醉倒花前是遠孫

山行見菊　李龏

野色芬敷洗露香籬邊不減御衣黃繁英自剪無人
插應笑陶潛兩鬢霜

對菊　顏延榘

移來叢菊九秋黃幕府何如三徑香雙鬢颼颼如野
鶴獨醒猶自立斜陽

其二

重陽已過小春來寒蕋經霜猶自開半卷離騷行且讀庭前一步一徘徊

遶堤種菊　許有孚

酒熟同招隱士看饑來忍把落英餐春風無限閑桃李不似黃花耐歲寒

愛菊　袁彥章

金相玉潤頗關情解印歸來眼獨青貪向花前頻酌酒不知摘盡滿天星

菊葉　林洪

何年霜後黃花葉色蠹猶存舊卷詩曾是往來籬下讀一枝開弄被風吹

菊　劉克莊

落托山園載酒來江梅含雪倚春臺菊花無藉秋光老猶自離披帶雨開

其二

羞與春花艷冶同殷勤培溉待西風不須牽引淵明比隨分籬邊要幾叢

菊　錢胙度

曾見春花落萬紅不然隨雨即隨風如何得到重陽

日浮在陶家酒盞中

菊花　韓丕

造化工夫豈異端自然開晚少人看若教總似陶潛眼肯向芳春賞牡丹

謝曹斯立送菊就索公醞　曹伯起

庭前黃菊蔚成叢政要花邊酒頰紅九日故人來送菊菊花重疊酒尊空

朝天菊　洪邁

但見荼蘼能上架那知甘菊解朝天亭亭秀出風烟上冷落東籬却可憐

五月菊　宋自遜

東籬千古屬重陽此本偏宜夏日長會得淵明高臥意故來同占小窗涼

菊花　高翥

白白黃黃自歲寒詩翁但作菊花看牡丹茉莉非吾事自是時人被眼瞞

其二

親向東籬手自裁夕陽小徑重徘徊花應得似人乖角過了重陽爛漫開

其三

愛花千古說淵明肯把秋光不似春我重此花全晚節賸栽三徑伴閑身

其四

新分菊本自鋤山手縛枯藤作矮闌比似著書空用力種花猶得一年看

題昕上人松菊堂　耶律楚材

晴烟著節出墻青斜日黃花隔檻明松菊尚存歸未得湛然眞箇太憨生

采菊圖　元好問

信口成篇底用才淵明此意亦悠哉枉教詩酒分留

在百繞斜川覓不來

錢舜舉折枝菊　袁桷

醉別南山十五秋鴈聲深恨夕陽樓寒香似寫歸來夢背立西風替蝶愁

十樣小菊　郝經

孤根如線耐霜侵浪蘂還開玉與金爲問西風緣底事一枝同氣不同心

觀牡丹菊有感　郝經

黃花喚作牡丹菊又喚芙蓉秋牡丹幸自拒霜全晚節強爲春色亦應難

菊花　曹鏷

霜落天涯草木稀疎花秋晚獨芳菲平生不愛杯中物嬾向西風望白衣

白菊　濮陽傳

香御霜容味更幽淵明去後付誰收任教一百二十品變盡東籬五色秋

題錢仲聆菊坡圖　袁易

紅紫紛紛總後塵十年陶令可相親不知坡上秋多少展卷霜風欲拂人

晚香亭　姚文奐

百花開盡菊盈枝三徑歸來酒滿卮老圃秋容清馥馥西亭宜各賦新詩

吳中菊花盛開　宋無

菊花三百六十種處處名園花不同安得化身千百億一花著取一吟翁

九月菊　喬承華

一年佳節是重陽籬菊開時正有香風雨頻催秋色老令人空憶御袍黃

菊花霜　段成已

六宮試手學梅粧曾見飛英點額傍香粉嚼餘濃不

散吐花誤染縷金裳

題孔先輩菊圖　張伯淳

詩禮家庭隱逸姿倦遊心事付東籬寫眞不在丹青裏一夜秋香老更宜

菊軒　張伯淳

幽香耐晚水延生霜落何曾見落英莫訝當春賦秋景春花未必到秋榮

其二

旅食都門閱歲華黃花開後便無花從知獨殿羣芳意唯許著松共一家

題棠伯奇墨菊圖　趙偕

不到東籬知幾年菊花依舊可人憐何妨且對南山坐吾道窮通信有天

黃紫菊　曾極

商飈基在昔人非草木尤爲富貴移曾是六朝歌舞地黃花一半染胭脂

十月看菊　鄭澈

秋盡江湖候鴈哀思歸日上望鄉臺殷勤十月咸山菊不爲重陽爲客開

叢菊　張輔之

陶菊含香籬下黃摘來盈把便持觴白衣酒熟無勞
送自喜枝枝傲曉霜

其二

歸來掃徑隔三秋一度寒花一度愁莫謂開時他日
淚還思不謝在黃州

菊花　殷士儋

落盡春花始見栽清秋爛漫一籬開仙人自采千年
藥逸士難空九日杯

其二

盈盈長日倚清霜百草凋零自晚香翠竹疎籬烟景

夕臨風三嗅客心傷

野菊　東會王震峯

耽幽愛咏少陵詩花影翩翩照酒卮收拾秋光供老
眼黃金開滿鳳凰枝

菊　谷高

傲雪凌霜堅晚節寒香滋味可長生王孫服食無他
嗜日向籬邊採落英

己未九日對菊　袁凱

老夫愛此黃金蕋見子須將白酒賒直到殘陽下天
去更添燈火照欹斜

九月八日對菊　高啓

預向籬邊把一盃黃花多意已能開不褁風雨明朝
阻嬾逐時人鬭折來

九月八日對菊　楊基

去年風雨罷登高今日黃花預見招莫怪遶籬開未
好正含秋色待明朝

瓶中插黃白紅菊花　徐賁

淺白深紅間淡黃重陽已過尚聯芳莫因顏色分花
品同是秋風一樣香

寓舍紫菊　周伯琦

來時關北草初勻去日灤陽白露新窻下紫艶顏色
好獨延清興欵詩人

題菊窻　吳與弼

清霜籬落任天眞可信虛窻別有春陶屈依稀千載
後餐英裛露豈無人

和交師送菊　王賓

重重花蘂鏡光中在子還如在我同萬朵寒香方丈
室不曾零落似霜風

墨菊　方孝孺

分根昔日向東籬種近羲之洗硯池幾度偶澆池上

水花開朶朶墨淋漓

覓菊　解縉

昨朝細讀嚴君藁見有唐家覓菊詩秋雨三年隔今
古東籬仍與傲霜枝

菊韮　張弼

濕雲如夢雨如塵庭菊抽苗覺漸新試看枝頭青蓓
蕾含香猶待探花人

雪中見菊　謝復

手種寒花慣傲霜雪中猶自挺孤芳從今添却東籬
趣使我南塘雪亦香

雨中扶菊　盧紘

黃顛白倒竹籬東盡是重陽醉後翁留與畫工摹雨
意疎疎畧爲剪繁叢

次韻菊花　謝鐸

典午河山又一新風光不似義熙春寂寥三徑歸來
後獨有黃花是故人

題菊　薛瑄

未到高秋有別情新叢簇簇傍階生歸心不待霜花
發留與新知作眼明

其二

簇簇新叢傍憲臺臺端有客日徘徊歸期若在花前
發留向新枝次第開

其三

鐵定不受晚風寒采得幽香靜處看幸自託根今得
所栽培應有露團團

其四

簾捲秋風繞砌花沉陽幾對昔年華關山白露三千
里誰采金英泛紫霞

對菊　陳獻章

餐香誰亦到湘濱西崦東籬盞一巾去歲金莖曾照

我今年玉蘂又驚人

五月菊　陳獻章

小變春紅作淡妝山亭初見一枝黃醉中忽眩東籬
眼起覗金錢着屐忪

載菊　陳繼儒

取次山人酒一瓢趂潮歸去路非遥當船明月纖如
許載得黃花不礙橋

看菊　陳繼儒

四向羣峰入草堂尚餘竹木繞廻廊雖然處士無功
業也種黃花滿地香

題菊　錢福

紅紅白白又黃黃三種移來就一方好似瓊林春宴罷狀元榜眼探花郎

旅館題菊　唐寅

黃花無主爲誰容冷落疎籬曲徑中儘把金錢買脂粉一生顏色付西風

墨菊　唐寅

故園三徑吐幽叢一夜玄霜墜碧空多少天涯未歸客借人籬落看秋風

題殘菊　楊繼盛

萬樹紅芳帶露殘獨憐黃菊對霜看東君不與花爲主一任西風落砌寒

謝周文學明禮贈菊　王穉登

寒香折贈兩枝新聊伴天涯客裏身夜坐挑燈對花影翻憐黃菊瘦如人

菊　徐渭

百草諸香百露溥一時非不哭湘沅千年獨有黃花瘦爲伴行吟瘦屈原

翎菊　徐渭

硯底毫端秋氣清攢花簇藥筆逼靈看來不似籬邊

色拔取沖天白鶴翎

紅菊　王佑

秋來不解醉容粧底事紅顏妬少娘終羨歲寒心節
在漫勞歌舞競廻廊

對菊　何景明

三閭大夫不願醉五柳先生不願醒一醒一醉緣何
事坐對寒花烟滿庭

其二

菊過重陽開更繁城中車馬未曾看種來本是山家
物白露清霜共暮寒

其三

檻畔輝輝織月斜幽香獨立殿年華多情似與詩人
約一夜還開四五花

其四

露委烟斜更有情黃花紫萼太分明只教秋色常爲
主莫遣西風怨落英

同子眼　熊明遇

碧髯愁胡雙綠瞳三時懊恨不秋風如今却喜弓梢
勁引眼歸雲彈遠鴻

海雲紅　熊明遇

滄海瀰漫覆碧空蜃作樓臺毬作宮借得金波開颸氣晴光遥看十洲東

和秉之送楊妃西施菊　王鏊

爛醉都忘倒接䍦高堂四菊十分奇西施未醒楊妃醉白髮尊前恐未宜

其二

年來黃菊也隨時鬬出金盤與玉巵獨有歲寒心尚在落英重作楚人詞

野人獻菊碧色每叢作雙鳥並立名鴛鴦菊爲之賦詩　王鏊

不向東籬嗅落英相呼相喚本同聲不知草木緣何事也作人間兒女情

五色菊童以遥以水草接菊成五色　王鏊

前身那復是江蘺白白紅紅忽滿枝恐是韓郎工幻化賺教陶令醉東籬

冬日逕菊盡開　盧冠巖

無數金錢籬落堆賣殘寒綠贖春魁不將苦骨霜中戰那得千紅萬紫來

淵明采菊　沈周

典午江山醉不支先生歸去自嫌遲寄奴蔓草無容

地慳剩黃花一兩籬

王酉室寫菊楊南峯贈詩　蔣一熊

楊王愛菊興交馳一爲傳神一詠詩遐想長年頻醉賞翻疑蔣徑勝陶籬

賞菊　魏時敏

短籬疎雨正離披淡白深紅朶朶宜自討老年才思減重陽過後不題詩

移菊　劉士亨

自是中黃第一花鴈來時節傲霜華如何秋色無人管移向龍香道士家

画菊　陳淳

種菊籬根一尺強重陽過後始聞香朝呼稚子和霜折分得秋容到草堂

其二

籬落秋深菊有香不同凡卉弄凡粧從來識得騷人意委質甘充氷蘗腸

恨菊　李贄

不是先生偏愛菊淸霜獨有菊花開滿庭秋色無人見敢望白衣送酒來

謝人惠菊　袁仁

寂寞柴扉掩夕曛東籬分惠落香雲潛夫解得凌霜趣一步看花一想君

九日月中對菊　張本

花上清光花下陰素娥惜此萬黃金一盃寒露三更後誰信幽人更苦心

其二

九日餘香伴月明一觴亦足暢幽情青樓夜半琵琶語不說人間有此清

其三

龍山戲馬賞秋光多少新詩入錦囊磨滅英雄豈勝

數千年依舊一花香

咏菊　鄒賽貞

不共春光鬬百芳自甘籬落傲風霜園林一片蕭疎景幾朵依稀散晚香

咏菊　虞氏

移得春苗愛護周柴桑無主爲誰秋寒芳甘抱枯枝萎羞逐西風逐水流

題籬邊菊　徐媛

微霜清淺濕蒹葭一夜西風燦野葩對酒踏歌花塢下南山蒼色落儂家

亞叟惠龍腦菊　許景衡

正色最宜霜後見清香自是藥中珍明年把酒東籬下采采何如舊主人

黃鶴翎　林宗可

自從仙客駕長空惆悵西風去後蹤華表月明風露冷翩翩金羽傍籬東

紫鶴翎　施兆昂

紫蓋風前帶露歸仙姿不假雪爲衣秋風吹下翎千片幻作籬花總欲飛

金盞銀臺　許光曾

黃中素表拆秋葩恰侶筵開富貴家晃耀西風深院裏清標不減水仙花

楊妃菊　無名氏

霓裳舞罷小腰肢低首臨風幾許思莫怪姿容太妖冶半緣卯酒半燕脂

菊

不逐春風桃李妍秋風收拾翫籬邊如何枝上金無數不與淵明當酒錢

金錢菊　楊巽齋

清曉幽叢露作團籬邊積疊喜人看落英欲買眞無

價唯許騷人罄一餐

金錢菊　僧文行

化工鑄出最光圓閑數枝頭不計千滿徑黃花秋富貴陶公何必苦無錢

大笑菊　僧文行

遶籬喜色破新愁一粲西風卒未休非學野花留寶靨應嗤楚客獨悲秋

酴醾菊　宋九嘉

酴醾風味醺醺人醉著莫東籬愛酒翁一夜金莖全換骨冷香晴雪滿秋風

大笑菊　僧希高

寒花也解媚清秋貌似呵呵蒲檻稠若使幽王能着眼何須舉火戲諸侯

金鈴菊　孫耕

疑是良工巧鑄成天然顆顆帶黃英籬邊一任風搖動不學簷前斷續聲

孩兒菊

弱質生成由地母清姿保愛藉園公花偏嬌嫩葉偏細凝佇籬邊弄晚風

鷺鷥菊

玉羽毵毵剪作花花心挺出傲霜華恰如未上青天
去且立西風古徑斜

牡丹菊　馮發藻

秋香剛欲竊天香遥想南陽似洛陽莫道東籬譏聲
價詩人曾擬作花王

桃花菊

怪底京都花發遲西眞着意在霜枝春葩也耐秋風
勁紅雨何愁亂入籬

金絲菊

纏風縮雨短籬旁織出黃花縷縷黃遥想司花幾仙

子鮮明擬作六銖裳

酴醿菊

秋花也與酒齊名三月留爲九月英朶朶露棲明亞
雪還如壓架拆春晴

夏月佛頭菊

圓英現出端嚴相素瓣染成知見香必竟白毫破炎
毒故教開向夏畦涼

茱萸菊

一種秋英具兩般摘來浮向酒杯寬阿誰到得重陽
日醉把花枝仔細看

孩兒菊

穉叢弱質巧相如曉沁啼痕一雨餘天亦何心鍾愛汝也呈佳色嫓陶廬

朝天菊

淩霄花豈凌霄去向日葵空向日傾何似幽姿堪對越也酬洪覆拱高明

黄金盞菊 千葉黄花細葉相比 馬揖

九日黄花有意開也應知道白衣來先生必向花前醉故遣花神爲捧盃

墨菊 出于朔庭近時方有

獨抱緇衣對曉寒天然清淡惡華丹多因元亮題詩筆洒在寒枝濕未乾

茶菊 黄色細花花心有芒本草云紫莖氣香而味甘美葉可羹者爲眞菊

靈種初非來北苑仙根却自出南陽且同陸羽烹春雪未許淵明把酒觴

萬鈴菊 花類佛頭黄而豐腴叢高大而扶疎色鮮明而光采

金風鑄出晚秋英造化鑪中巧賦形飛鳥欲來還又去似疑有許護花鈴

小金鈴菊 葉類茶菊叢低枝密金色圓花大如筯頭纍纍相比聚于葉端

時當少皞嚴申令故遣金鈴報晚秋寂寂千林正搖

落似將木鐸振衰周

鬧蛾兒菊 細葉淡黃花一花不過三四葉葉各相向如蝶拍之狀

花神巧剪鬧蛾兒春去飄零無處歸尚有寒枝香信在故應撲撲滿園飛

淵明菊 單葉白花一名晉菊花之豐腴倍于他菊一幹一花潔白鮮明

一叢瀟洒向寒榮曾結柴桑社裡盟貞白魁奇無附麗固應千載擅芳名

大夫菊 細葉黃花花可入藥苗亦可茹即今之甘菊也

此花獨抱清高趣人爵安能浼得渠與作大夫君識否餐英想自楚三閭

處士菊 多葉白花謂之處士白又有處士黃者花小而繁

皎皎貞芳雅淡容濂溪推許一何公名標隱逸非無意為有翛然林下風

伴梅菊 多葉白花花獨殿于衆菊

雪蕊霜枝本異花同時一一殿年華誰移五柳先生宅來傍孤山處士家

金錢菊 多葉黃花大如折二錢

一徑黃花伴隱居圓如鵝眼大如榆山翁潤屋惟貲汝張武還知有此無

玉盤珠菊 多葉白花中數小葉合而為心如珠之圓宛若盤心之承珠也

月斧修成玉一團籬邊清潤逼人寒花心擁出驪龍
寶一顆盈盈欲走盤

勝金黃　史鑄

籬下秋深花正敷煌煌金彩照吾廬維揚貢品雖稱
貴顏色看來反不如

九日黃

露蕊花發側皆遲異品敷金不詭隨應節及時真可
愛登高且把泛瑤巵

又

應時寒蕊拆秋會晃耀良金色可參似遇道人殷七
七故開佳節日三三

金錢菊

天女將圖買斷秋算來白帝價難酬金錢滿鬧翻嫌
富撒向幽叢竟不收

金鈴菊

化工寫出爛盈枝顆顆光明耀竹籬賞翫佳人應笑
道待教繫向雪獅兒

金絲菊

染人徒染金絲色侍女謾歌金縷衣爭似黃花得天
巧織成紋絡不須機

淮南菊

割脂簇蠟密成團傑出東籬最耐寒加紫翻宜霜後看料應慣見屬劉安

觀音菊 郎天竺一花

霞幢森列引薰風高出疎籬紫滿叢翠葉纖纖如細柳直宜插向淨瓶中

木香菊

秋花也與藥名同素彩鮮明曉徑中多少清芬通鼻觀何殊滿架拆東風

密友菊

寒英雅稱伴吾徒色正香清態有餘日涉中園長與會何憂因數反成疏

牡丹菊

本是秋香九日黃假為國色百花王待茲擬把酥煎啗莫採芳英泛酒觴

橙菊

上林嘉果久流聲秋徑香苞特假名止賴蟹肥新酒熟幽人來賞兩含情

金蓮菊

過出嬌紅媚一川風刀細鏤耀籬邊不妨捧向孩兒

手留取清香在佛前

茱萸菊

品出陶家花品外名存吳地藥名中若將泛入重陽
酒不用分香摘兩叢

桃花菊

仙源分派到籬東灼灼穠華綴露叢雀護詩章陶令
酒兩家混作一家風

荔枝菊

莫論枝上粟團黃且喜籬邊珍顆香若使唐家妃子
見料應悞謫醉中嘗

毬子菊

團團秋卉出籬東惹露淩霜袞袞中疑是花神拋未
過更教輾轉向西風

繡線菊　即厭草花

天成素縷結秋深巧刺由來不犯針籬下功夫何細
爛條條綰綴紫花心

玉甌菊

化工施巧在秋葩琢就圓模瑩可嘉着底香心真蠟
色似留賞客欲分茶

金盞銀臺

黃白天成酒器新曉承清露味何醇恰如欲勸陶公飲西皥應須作主人

叠菊 即滴滴金

未見秋來花便開人言因露作根荄千團萬點枝頭墜盡化黃金出土來

金錢菊

陰陽鑄出繞籬邊露洗風磨色燦然未解濟貧行世上且圖買笑向樽前

禁中菊 又名御愛黃

貴品傳來自禁中色鮮如柘恍疑蜂作歌亦見鍾情重承眷應曾遇德宗

塔子菊

金彩煌煌般若花高蟠層級巧堪誇更添佛頂周遭種成此良緣勝聚沙

大笑菊

晚節敷華性異常黃冠白羽道家粧料應識破榮枯事獨對西風笑一場

饅頭菊

離火供炊餅餅圓幽人飽玩向籬邊採來還問堪餐否應使癡兒口墜涎

粉團菊

月姊容顔別一家天眞何必御鉛華秋來殘膩方抛
棄幻作籬邊馥馥花

臙脂菊

天女染花情若狂鮮妍直欲媚秋光恐將陶徑黃金
色也學秦宮朱臉粧

甘菊

南陽佳種傳來久瀹用須知味若飴苗可代茶香自
別花堪入藥效尤奇

黃白菊

二色秋英併一根金宜爲友玉爲昆相依笑向西風
裏皓色須還中色尊

九華菊

流芳千古傲霜英剪玉綵金照眼明若論駐顔功不
少仙丹端可與齊名

十樣菊

霜蕋多般同一本天教成數殿秋榮從他蛺蝶偷香
慣偷遍無過一例清

側金盞

圓模羅列占東籬西帝賜來宮樣奇疑是花神清酌

罷儘教放處不妨歆

御袍黃

秋晚司花逞巧工解將柘色染幽叢待看開向丹墀畔宛與君王服飾同

銀盤菊

秋英疑是白金裁承露如從仙掌來翻笑漢皇銅制古斬新一樣也奇哉

大笑菊

玉顔已破晚秋葩不費千金亦可誇幽徑主人偏愛惜且贏耳畔弗諠譁

又

桃笑春風菊笑秋治容正色不相侔寒梅一笑如堪索這笑方爲是匹儔

末利菊

來從西域馨香異翻作東籬品目新悟此肯爲微利役殷勤來賞屬幽人

徘徊菊

花神着意駐秋光未許寒葩踸頓芳敷彩盤桓如有待幽人把玩不須忙

月下白

素質鮮明絕點塵氷輪高照轉精神叢叢皓彩如羅綺箇樣誠堪示染人

纓枝白

西風頓拆晩秋葩色映霜華與月華不特翠枝柔猗儺更饒綠葉密交加

九華菊

功成丹鼎花堪比花到重陽色正鮮靖節集中名甚著羨他慣服制頹年

艾菊

一入陶籬如楚俗重陽重午兩關情惜哉删後詩三

百菊条無名艾有名

又密卣菊

化工也學割蜂房秋卉粧成春蘂黃芬馥猶疑盛秬鬯未容輕把泛霞觴

輪盤菊

秋深籬下折霜英圓質風吹颭不停天巧固非煩扁斲日新又豈待湯銘

酴醾菊

春架秋籬景一同想因分種自蠶叢但將酩酊酬佳節不管花居酒品中

寒菊

不畏霜風質自殊不招蜂蝶艷何孤梅花松竹如相
見便合添爲四友呼

佛頂菊

籬畔光明緣底盛秋來千百化身多露棲不必醍醐
灌雨沐何煩手掌擎

野菊

寒郊露蕊疎仍小瘦地霜枝細且長境僻人稀誰與
採馬蹄贏得踐餘香

紅薇菊

天厭花黃色改殷東籬景物似東山逗遛春蘂爲秋
蘂荆棘了無藏葉間

繡菊

寒葩縷縷結細紅不待纖針見巧工秋老從他宮線
減彩文翻喜入花叢

孩兒菊

地母提來風露徑笑風泣露並堪憐卹微元之香肌
骨瀣預秋英得淚傳

紫菊 即馬蘭

秋野閒花似錦鋪佳名得自北人呼若教尼父當時

見應惡紛紛色亂朱

春菊 郎蒿萊

莫論園蔬品目卑花開不減菊幽奇燦然金色仍堪

採春老恰如秋老時

石菊

花美雖堪寫團扇艷妖未必入東籬紀名何耴宅山

物徧問園官總不知

藝菊志六卷